口感多變的
手工餅乾

許正忠／詹陽竹 著

作者序 1

詹陽竹師傅是我在景文夜二專的學生，那時候，只要有丙級證照就可以不用修我這門課，而詹師傅本身已有乙級的烘焙證照，但他不但不缺課，甚至連遲到都沒有，我那時暗自內心讚許，這個年輕人非常有責任感與上進心。

在課堂上，我也慢慢觀察到，詹師傅的心思細膩，並且個性沉穩，他的基礎烘焙功夫也十分紮實，所以我才邀請詹師傅加入我們的教學團隊中，一起合作這本「口感多變的手工餅乾」。

本書我仍秉持著之前出版一系列烘焙書的原則—「配方真實、步驟正確、成品高級、做法簡單」，並且依照飯店的手工餅乾的菜單，所以成品獨特性高，但連沒有基礎的入門新手也可以做得出來，不用怕失敗。

這本「口感多變的手工餅乾」，分成四大類，介紹了 72 種餅乾，數量可能不是市面上烘焙書的最多，但種類絕對是最豐富的。這本書，從基本的樣式到各種美味的餡料，可以說是應有盡有，讀者絕對可以從書中學到最多樣化的手工餅乾。

在這裡祝各位讀者都能夠成功做出美味的餅乾，和你的親朋好友們分享，也能和我一樣，從烘焙中，找到生活的樂趣。

許正忠

作者序 2

首先，要跟各位讀者說聲抱歉，這本書的籌備期間，由於機緣關係而決定開了一家社區型的烘焙坊，導致這本「口感多變的手工餅乾」延宕了兩年的時間，但書中的內容，也因為開店後，接觸更多客人，了解喜愛烘焙的讀者希望學會什麼樣的餅乾，使得這本書的內容更加豐富，我們總共列出了 72 道餅乾的配方，內容十分生動。

當初在決定食譜內容時，我和許正忠老師討論了很久，希望能夠呈現「做法簡單，成品高級」的食譜走向，並且要融入創意的烘焙，如:我們的花草系列，運用了玫瑰花和迷迭香，還加入養生取向的桂圓與紅糖，整本書的餅乾種類可說是包羅萬象。

這本「口感多變的手工餅乾」非常適合初學者來照著做，因為難度不高，失敗率也低，甚至適合全家大小一起動手做餅乾，增進感情。我衷心的希 望每位讀者，可以動手做看看，體驗烘焙的樂趣，吃到自己做的手工餅乾， 是一種很幸福的滋味，我希望能夠把這種幸福，傳遞給大家。

最後，感謝許正忠老師，除了在課堂上認真的教學讓我獲益良多之外，這本「口感多變的手工餅乾」也仰賴他的指導，我們才得以創作出這麼一本好吃又好看的書籍，謝謝!祝福大家!

詹陽竹

口感多變的手工餅乾

contents

part 1 酥鬆類

part 2 硬脆類

part 3 柔韌類

part 4 層酥類

蛋白打發基本製作法

● 基本配方

A.
- 蛋白…………285g
- 細砂糖………168g
- 塔塔粉………3.5g（Cream of Tartar）

B.
- 水……………125g
- 沙拉油………123g
- 蛋黃…………145g
- 低筋麵粉……150g
- 玉米粉………30g（Corn Starch）
- 泡打粉………3.5g（Baking Powder）
- 香草精………2g（粉）

● 蛋白打發基本製作步驟

1 將材料 B 放入鋼盆內，一起攪拌均勻。（粉類需先過篩）

2 蛋白、細砂糖、塔塔粉（材料 A) 一起放入攪拌缸內，中速攪拌打發。

3 攪拌至沾起後，不會掉落且前端完全呈彎曲狀，即為濕性發泡。

4 再繼續攪打至前端稍微彎曲（不可完全挺直），即為硬性發泡。

糖、油拌合法基本製作法

● 基本配方

奶油…………450g
糖粉…………240g
蛋……………75g
低筋麵粉……675g

● 糖、油拌合基本製作步驟

1 奶油和糖一起打發至絨毛狀。

2 分次加入蛋液繼續打發（約 3 ～ 5 次）。

3 待打發至絨毛狀才可。

4 加入過篩的麵粉拌至 9 分均勻即可。

tips

- 麵糰拌粉時只能 9 分均勻，若攪拌太過均勻，製作時會因筋性太強，使麵糰不易成型，烤時也易縮。
- 擀壓時所用的手粉為高筋麵粉。

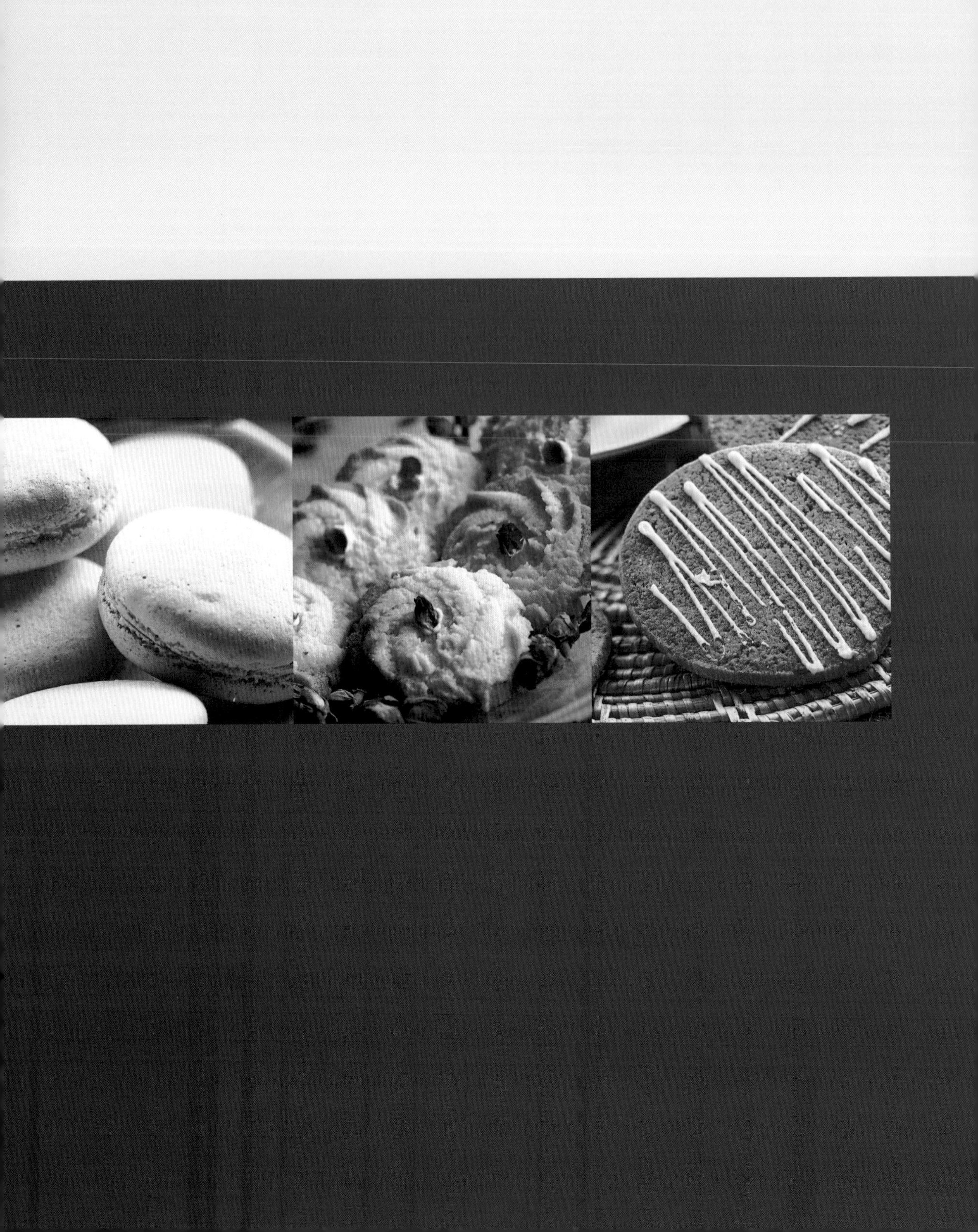

part 1
酥鬆類

巧克力馬卡龍

來自法國的時尚甜點……

● 材 料（直徑 2.5cm、70 片）

A. 蛋白……………115g
細砂糖…………230g
水………………32g

B. 杏仁粉…………100g

C. 苦甜巧克力……135g
榛果醬…………20g

D. 牛奶巧克力……200g（固體）

● 步 驟

1 材料 C 隔水加熱融化備用。

2 材料 A 中的蛋白以打蛋器打成大粗泡時再一邊慢慢加入水、砂糖打發至蛋白硬挺。（參考 P.8 頁蛋白打發）

3 加入過篩的杏仁粉再加入隔水融化的材料 C，拌至有光澤即馬上停止攪拌。

4 用圓孔花嘴擠出大小一致的圓形麵糊，置於鐵弗龍材質的烤盤。

5 再墊一層烤盤，以上火 160℃／下火 160℃烤約 20 分後，上火關至 0℃再烤 15 分鐘。

6 待餅乾烤出後將材料 D 隔水加熱融化，趁熱塗抹在兩片餅乾當中即可。

圓孔花嘴

tips

- 進入烤箱的最佳時機，是擠好麵糊放置 2 分鐘，待麵糊表面呈現光滑狀態時。如果麵糊擠出後，一下子就呈現光滑狀態，則表示麵糊太稀、蛋白打過頭了。
- 如果擠出後，麵糊表面久久才呈現光滑狀，則表示太乾，可在作法 2. 中加入少許未打發的蛋白再拌勻。
- 烤盤可選用鐵弗龍材質的烤盤，或在一般鐵盤上墊烤盤布代替。
- 步驟 6 再墊一層烤盤意指：一般我們在烘烤馬卡龍時，都使用雙層烤盤，這種特殊的雙層烤盤，兩層之間是中空的，可用來烤一些油脂含量高的餅乾，以避免底部過焦。如果手邊沒有雙層烤盤，就在原烤盤上再墊一層相同尺寸的烤盤即可。

白色馬卡龍

清爽的甜蜜滋味……

●材 料（直徑 2.5cm、60 片）

A.
- 蛋白……………100g
- 細砂糖…………120g
- 水………………22g
- 塔塔粉…………1g

B.
- 細砂糖…………120g

C.
- 杏仁粉…………245g

D.
- 白巧克力………150g

●步 驟

1. 材料 A 中的蛋白，以打蛋器打成大粗泡時，再一邊慢慢加入水和砂糖，打發至濕性發泡。（參考 P.8 頁蛋白打發）
2. 再加入材料 B，以中速繼續打發至蛋白硬挺。
3. 材料 C 過篩後加入，拌至有光澤即馬上停止攪拌。
4. 用圓孔花嘴，擠出大小一致的圓形麵糊，置於鐵弗龍材質的烤盤。
5. 以上火 120℃／下火 100℃，烤約 45 ～ 50 分鐘。
6. 待餅乾烤出後，將材料 D 隔水加熱融化，趁熱塗抹在兩片餅乾當中。

---

tips

- 烤盤可選用鐵弗龍材質，或在一般鐵盤上墊烤盤布代替。
- 烤焙方式亦可採用巧克力馬卡龍的烤法。

沙布烈酥餅

杏仁香氣惹人愛⋯

● 材 料（60 片）

A. | 奶油⋯⋯⋯⋯⋯⋯350g
糖粉⋯⋯⋯⋯⋯⋯140g
鹽⋯⋯⋯⋯⋯⋯⋯6g

B. | 蛋黃⋯⋯⋯⋯⋯⋯50g

C. | 杏仁粉⋯⋯⋯⋯⋯50g
中筋麵粉⋯⋯⋯⋯140g
低筋麵粉⋯⋯⋯⋯140g

B. | 蛋黃⋯⋯⋯⋯⋯⋯5 個（刷表面用）

● 步 驟

1 將材料 A 的油脂打軟後，加入糖和鹽打至鬆發絨毛狀。(參考 P.9 頁糖油拌合法)

2 將材料 B 蛋黃分 2 次加入，攪拌到均勻細緻、無顆粒狀。

3 將材料 C 混合過篩加入拌勻。

4 將拌好的麵糊，裝入有圓孔花嘴的擠花袋，在舖有不沾紙的烤盤上擠成圓餅狀，用叉子沾蛋黃液於表面壓出線條。

5 以上火 180℃／下火 160℃，約烤焙 13 分鐘。

葡萄酥

美味秘密不保留……

● 材料（40片）

	材料	份量
A.	糖	75g
	糖粉	50g
	奶油	75g
	白油	50g
	鹽	1g
B.	蛋	1 個
C.	高筋麵粉	250g
	奶粉	12g
D.	奶水	25g
E.	葡萄乾	90g

● 步驟

1. 將材料 A 的油脂打軟後，加入糖和鹽打至鬆發絨毛狀。（參考 P.9 頁糖油拌合法）
2. 將材料 B 打成蛋液，分兩次加入，攪拌到均勻細緻、無顆粒狀。
3. 將材料 C 混合過篩，加入拌勻。
4. 再加入材料 D、E 搓成圓球，在烤盤上壓平，於表面刷上蛋黃液。
5. 以上火 180℃／下火 180℃，約烤焙 10 ～ 12 分鐘。

tips

• 選用高筋麵粉筋性較強，所以拌粉時要特別注意不可過度，否則餅乾會太硬。

蛋白杏仁餅

微妙的香甜口感⋯

● 材 料（60片）

A.
蛋白⋯⋯⋯⋯⋯⋯⋯⋯100g
細砂糖⋯⋯⋯⋯⋯⋯⋯180g

B.
杏仁粉⋯⋯⋯⋯⋯⋯⋯120g

● 步 驟

1 A 加熱至 50℃打發至硬性發泡。（參考 P.8 頁蛋白打發）

2 B 加入稍微拌勻，以平口擠花嘴擠入烤盤中。

3 以上火 90℃／下火 90℃烤焙 2 小時。

tips

- 也可以加入少許食用級紅色素增添色彩。
- 慢火烤焙較不易上色，可保持原本白色，且因較乾燥，可保存較長時間。

Cream Cheese 餅

濃郁的乳酪風味…

● 材 料（40片）

A. 白油………80g
奶油………80g
鹽…………5g
糖粉………80g

B. 蛋…………75g

C. 乳酪………80g
奶水………50g

D. 低筋麵粉…240g

E. 蛋黃………5個（刷表面用）

● 步 驟

1 將材料A的油脂打軟後，加入糖和鹽打至鬆發絨毛狀。(參P.9頁糖油拌合法)

2 材料B蛋液，分3次加入拌勻。

3 材料C隔水加熱融化後加入拌勻。

4 材料D過篩、加入拌勻後，整形成長4cm、寬2cm的長條狀，中間壓一凹痕，再刷蛋液、灑上蛋糕粉置於烤盤。

5 以上火160℃／下火160℃烤焙12分鐘。

tips

- 1. 蛋糕粉為將市售蛋糕體過篩後的細粉狀。
- 2. 本配方的乳酪為Cream Cheese。

雜糧餅乾

具備口感及健康⋯

● 材 料（40片）

A.
- 奶油⋯⋯⋯⋯⋯122g
- 細砂糖⋯⋯⋯⋯90g
- 鹽⋯⋯⋯⋯⋯⋯2g
- 楓糖⋯⋯⋯⋯⋯2g

B.
- 蛋⋯⋯⋯⋯⋯⋯1 個

C.
- 雜糧粉⋯⋯⋯⋯68g
- 泡打粉⋯⋯⋯⋯3g
- 低筋麵粉⋯⋯⋯265g

● 步 驟

1 將材料 A 攪拌拌勻。（不必打發）

2 將材料 B 分 3 次加入拌勻。

3 材料 C 的粉料全部混合過篩後加入拌勻，拌成糰後，滾圓成直徑 5cm 的圓條狀，將其冷凍 4 小時。

4 完全冰硬後取出切成厚 0.5cm 的圓片，排於烤盤上。（每片間隔約 2cm）

5 以上火 180℃／下火 160℃烤約 10～12 分鐘。

咖啡奶酥

成熟的大人情懷⋯

● 材 料（50 片）

A.
- 白油⋯⋯⋯⋯125g
- 奶油⋯⋯⋯⋯175g
- 鹽⋯⋯⋯⋯⋯2g
- 奶粉⋯⋯⋯⋯30g
- 細砂糖⋯⋯⋯230g
- 咖啡粉⋯⋯⋯10g

B.
- 蛋⋯⋯⋯⋯⋯2 個

C.
- 低筋麵粉⋯⋯500g

● 步 驟

1. 將材料 A 的油脂打軟後，加入糖、鹽、奶粉和咖啡粉打至鬆發絨毛狀。(參 P.9 頁糖油拌合法)
2. 將材料 B 分 2 次加入，攪拌到均勻細緻、無顆粒狀。
3. 材料 C 過篩後加入，拌成糰後，以平口擠花嘴擠成長約 7cm 的長條形。
4. 以上火 170℃／下火 170℃烤焙 10 分鐘。

tips

- 用擠花嘴成形的餅乾，在加入麵粉時不可拌太久，不然筋性太強不好擠。
- 擠於烤盤上每條間隔約 1.5cm。

帕米森餅乾

回味無窮的奶香⋯

●材 料（30片）

A.
- 白油⋯⋯⋯⋯⋯⋯⋯40g
- 奶油⋯⋯⋯⋯⋯⋯⋯40g
- 糖粉⋯⋯⋯⋯⋯⋯⋯60g

B.
- 蛋⋯⋯⋯⋯⋯⋯⋯⋯40g

C.
- 帕米森起士粉⋯⋯20g
- 低筋麵粉⋯⋯⋯⋯100g
- 中筋麵粉⋯⋯⋯⋯100g

●步 驟

1 將材料 A 的油脂打軟後，加入糖粉打至鬆發絨毛狀。（參考 P.8 頁糖油拌合法）

2 材料 B 分三次加入再打發。

3 材料 C 混合過篩後加入攪拌拌勻。

4 以八齒菊花花嘴擠出成型。

5 以上火 170℃／下火 160℃烤焙約 12 分鐘。

8 齒菊花花嘴

tips

• 帕米森起士粉即是 Parmesan Cheese 粉，多用於吃披薩時灑於表面，增添香氣。

巧克力曲奇

雙重口感 雙重享受…

● 材 料（120 片）

黑麵糰 —

A. | 奶油………200g
糖粉………150g

B. | 蛋…………1 個

C. | 低筋麵粉…235g
可可粉……40g

白麵糰 —

A. | 奶油………200g
糖粉………135g

B. | 蛋…………1 個

C. | 低筋麵粉…320g

● 黑麵糰做法

1 將材料 A 的油脂打軟後，再加入糖粉打至鬆發絨毛狀。(參 P.9 頁糖油拌合法)

2 材料 B 分 2 次加入拌勻。

3 材料 C 混合過篩加入拌勻，即成黑麵糰。

4 白麵糰做法同黑麵糰。

● 餅乾做法

1 將白色麵糰分成 2 塊後，擀開成長 30cm、寬 13cm 的長方形。

2 黑麵糰分成 2 塊後，搓成 30cm 的圓柱體。

3 白麵糰表面刷上蛋白液後，放上黑麵糰再包起。

4 冷凍 4 小時後取出切成厚 0.5cm 的薄片。

5 以上火 190℃／下火 160℃烤焙約 10 分鐘。

玫瑰濃情

入口散發淡雅清香…

● 材 料（40 片）

A.
- 白油…………80g
- 奶油…………80g
- 細砂糖………160g

B.
- 蛋……………1 個

C.
- 低筋麵粉……220g
- 泡打粉………1/3t

D.
- 乾燥玫瑰花…適量

● 步 驟

1. 將材料 A 的油脂打軟後，再加入砂糖打至鬆發絨毛狀。（參考 P.9 頁糖油拌合法）
2. 材料 B 分 2 次加入，繼續打發，最後將材料 C 過篩加入拌勻。
3. 以 8 齒菊花花嘴擠在烤盤上。
4. 以上火 180℃／下火 160℃烤焙 10 ～ 12 分鐘。

tips

- 擠花嘴選用 8 齒或 10 齒為宜，太少則紋路太寬鬆，太多則紋路不明顯。

胚芽奶酥

醞釀美妙滋味⋯

● 材 料（80片）

A. 奶油⋯⋯⋯⋯330g
糖⋯⋯⋯⋯⋯220g

B. 蛋⋯⋯⋯⋯⋯165g
香草精⋯⋯⋯少許

C. 低筋麵粉⋯⋯600g
胚芽粉⋯⋯⋯210g
杏仁粉⋯⋯⋯90g
泡打粉⋯⋯⋯6g

tips

- 表面戳孔可使烤焙所產生的熱氣散去，餅乾較不易變形。

● 步 驟

1. 材料A的油脂打軟後，再加入糖粉打至鬆發絨毛狀。（參考P.9頁糖油拌合法）
2. 材料B混合後，分3次加入繼續打發。
3. 材料C全部混合過篩後，加入攪拌成糰。
4. 冷藏30分鐘後，擀平成厚0.2cm的薄片，再冷藏20分鐘。
5. 以滾輪刀切割成長7cm、寬3.5cm的長方形。放入烤盤，表面以叉子戳孔。
6. 以上火180℃／下火160℃烤焙約15分鐘。

丹尼酥

搭配午茶好夥伴…

● 材 料（70 片）

A.
- 奶油……………160g
- 細砂糖…………110g

B.
- 全蛋……………75g
- 香草精…………少許

C.
- 杏仁粉…………30g
- 低筋麵粉………300g

D.
- 奶水……………30g

E.
- 白巧克力………適量（裝飾用）

● 步 驟

1. 材料 A 以慢速攪拌均勻。
2. 材料 B 混合後分 3 次加入拌勻
3. 材料 C 混合過篩後加入拌勻，最後加入材料 D 拌勻成糰。
4. 整形成長 30cm 的圓柱體，冷凍 4 小時。
5. 取出後切成 0.4cm 的圓片，整齊排於烤盤上。
6. 以上火 160℃／下火 160℃烤焙約 12 分鐘。

tips

- 出爐後表面可用白巧克力醬劃線，為美觀加分。

美式胡桃大餅

堅果增添咀嚼樂趣…

● 材料（10片）

A. 奶油…………115g
糖粉…………40g

B. 蛋……………1個

C. 碎胡桃………115g
中筋麵粉……110g
香草精………少許

● 步驟

1. 材料A的油脂打軟後，再加入糖粉打至鬆發絨毛狀。（參考P.9頁糖油拌合法）
2. 材料B分2次加入拌勻。
3. 再加入材料C的麵粉、過篩後加入香草精，最後加入碎胡桃拌勻成糰。
4. 將麵糰每個分成40g，搓圓後置於烤盤上稍微壓平。
5. 以上火170℃／下火160℃烤焙約15分鐘。

起士餅乾

濃郁魅力無法擋⋯

● 材　料（35 條）

A.
- 奶油⋯⋯⋯⋯⋯120g
- 鹽⋯⋯⋯⋯⋯⋯1g
- 細砂糖⋯⋯⋯⋯45g
- 蛋⋯⋯⋯⋯⋯⋯50g

B. 低筋麵粉⋯⋯⋯240g

C. 帕米森起士粉⋯60g

D. 蛋⋯⋯⋯⋯⋯⋯1 個（刷表面用）

E. 帕米森起士粉⋯適量

● 步　驟

1. 材料 A 一起打發至絨毛狀。
2. 材料 B 加入拌勻。
3. 材料 C 混合過篩後，加入拌勻成糰。
4. 麵糰每個約 15g，整形成長條狀。
5. 排於烤盤上，表面刷全蛋液並撒起士粉。
6. 以上火 170℃／下火 150℃烤焙約 15 分鐘。

tips

- 成型時大小要差不多，否則焙烤時受熱不易均勻。

杏仁心型餅

愛心幸福滿溢…

● 材料（20片）

A.
- 奶油…………115g
- 糖粉…………35g
- 酥油…………30g
- 鹽……………0.5g

B.
- 蛋白…………15g

C.
- 低筋麵粉……110g
- 杏仁粉………30g
- 香草粉………少許

D.
- 開心果仁……適量

● 步驟

1. 材料A一起拌勻稍打發。
2. 材料B加入拌勻。
3. 材料C混合、過篩，加入拌勻，再用圓孔花嘴擠成心型，於中間裝飾一粒開心果仁。
4. 以上火190℃／下火170℃烤焙約15分鐘。

桂圓奶油餅乾

美味秘密不保留…

●材料（45個）

A.
- 奶油………220g
- 瑪琪琳……200g
- 細砂糖……170g
- 鹽…………2g

B.
- 全蛋………120g

C.
- 香草粉……0.5g
- 中筋麵粉…525g
- 泡打粉……2g

D.
- 桂圓乾……100g（切碎）

●步驟

1 材料A的油脂和糖、鹽攪拌均勻。

2 材料B分3次加入拌勻。

3 材料C混合過篩後加入拌勻。

4 最後加入桂圓碎拌勻，冷藏1小時。

6 分割麵糰每個約30g，搓圓排入烤盤後稍壓平。

7 以上火190℃／下火160℃烤約15分鐘。

堅果巧克力

歡渡美味時光⋯

● 材料（60 片）

A.
- 杏仁膏⋯⋯⋯200g
- 糖粉⋯⋯⋯⋯55g
- 細砂糖⋯⋯⋯130g
- 奶油⋯⋯⋯⋯150g

B.
- 蛋⋯⋯⋯⋯⋯50g

C.
- 低筋麵粉⋯⋯270g
- 杏仁粉⋯⋯⋯30g

D.
- 榛果⋯⋯⋯⋯60 粒

E.
- 巧克力醬⋯⋯裝飾用

● 步驟

1. 材料 A 一起拌勻。
2. 材料 B 分 2 次加入拌勻。
3. 材料 C 混合過篩後，加入輕拌成糰。
4. 整型成長 30cm 的圓柱形，冷凍 4 小時。
5. 取出切割成 0.5cm 厚的圓形薄片。
6. 排於烤盤上，在每片表面各裝飾一粒榛果。
7. 以上火 180℃／下火 150℃烤焙約 12 分鐘。

---

tips

- 杏仁膏在大型材料行皆販售。
- 榛果可用其它堅果類代替。
- 堅果類亦可先沾拌少許蛋白再裝飾於表面，烤完較不易脫落。
- 烤完冷卻後，可用巧克力醬於表面劃線條。
- 杏仁膏 (Almond Paste) 選擇 1:1 的糖和杏仁比例較適宜。

丹麥巧克力

重溫兒時美好記憶⋯⋯

● 材 料（40 片）

A.
細砂糖⋯⋯⋯115g
奶油⋯⋯⋯⋯65g
白油⋯⋯⋯⋯55g
鹽⋯⋯⋯⋯⋯1g

B.
全蛋⋯⋯⋯⋯80g

C.
高筋麵粉⋯⋯185g
可可粉⋯⋯⋯20g

● 步 驟

1 材料 A 的油脂打軟後，再加入糖粉打至鬆發絨毛狀。（參考 P.9 頁糖油拌合法）

2 材料 B 分 2 次加入拌勻。

3 材料 C 混合過篩後加入輕輕拌勻。（不可過度）

4 將麵糊裝入擠花袋中用 8 齒菊花嘴擠出成形。

5 以上火 190℃／下火 150℃烤約 12 分鐘。

tips

- 使用高筋麵粉，注意絕不可攪拌過度，否則不好擠出。
- 若遇不好擠出時，可以中筋麵粉或低筋麵粉代替高筋麵粉。

向陽餅

陽光般燦爛可愛⋯

● 材 料（30片）

餅乾皮 ——

A.
- 奶油⋯⋯⋯⋯⋯170g
- 糖粉⋯⋯⋯⋯⋯70g
- 酥油⋯⋯⋯⋯⋯120g
- 鹽⋯⋯⋯⋯⋯⋯1g

B.
- 蛋白⋯⋯⋯⋯⋯20g

C.
- 低筋麵粉⋯⋯⋯260g
- 香草粉⋯⋯⋯⋯少許

杏仁餡 ——

A.
- 奶油⋯⋯⋯⋯⋯40g
- 麥芽⋯⋯⋯⋯⋯10g
- 動物性鮮奶油⋯35g
- 細砂⋯⋯⋯⋯⋯40g
- 蜂蜜⋯⋯⋯⋯⋯15g

B.
- 杏仁片⋯⋯⋯⋯110g

大型鋸齒花嘴

● 餅乾皮步驟

1. 材料A的油脂打軟後，加入糖粉打至鬆發絨毛狀。（參考P.9頁糖油拌合法）
2. 材料B分2次加入拌勻。
3. 材料C混合過篩後加入拌勻，將麵糊裝入擠花袋中。
4. 用大型鋸齒中空花嘴擠出於烤盤上，中間放入杏仁餡。
5. 以上火200℃／下火180℃烤約15分鐘。

● 餅乾皮步驟

1. 材料A煮至金黃色。
2. 材料B加入拌勻備用。

---

tips

• 大型鋸齒中空花嘴可向材料行購買。

蘿蘭酥

任意變化的風味⋯

● 材 料（40 個）

A.
- 奶油⋯⋯⋯⋯⋯390g
- 蛋黃⋯⋯⋯⋯⋯3 個
- 高筋麵粉⋯⋯⋯250g
- 低筋麵粉⋯⋯⋯245g
- 細砂糖⋯⋯⋯⋯190g

B.
- 各式果醬⋯⋯⋯適量

C.
- 蛋黃 ⋯⋯⋯⋯⋯1 個

● 步 驟

1. 材料 A 中的奶油軟化後一起拌勻即可。
2. 冷藏 2 小時後，擀開成厚度 1cm 的薄片。
3. 擀開後，用大小兩圓形模（直徑 5cm 和 4cm 各一），壓出中空圈形和直徑 5cm 的實心圓形薄片。

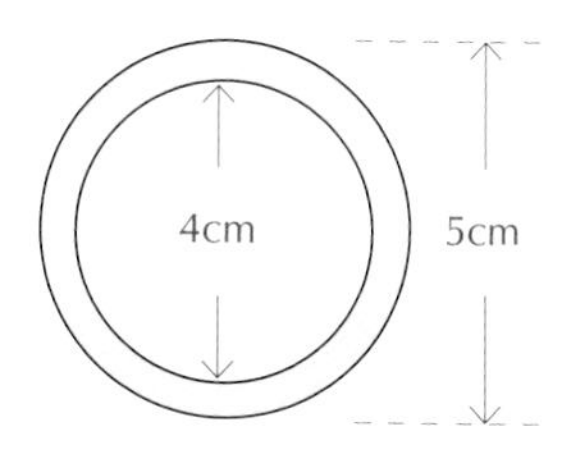

4. 直徑 5cm 的實心圓形刷上蛋液後，蓋上中空圈形再刷上蛋黃，於中間擠入各式果醬。
5. 以上火 210℃／下火 180℃烤約 15 分鐘。

巴蕾薩餅乾

微醺香氣情意濃⋯

● 材 料（40 片）

A.
奶油⋯⋯⋯⋯⋯100g
糖粉⋯⋯⋯⋯⋯100g

B.
全蛋⋯⋯⋯⋯⋯100g

C.
低筋麵粉⋯⋯⋯100g
香草粉⋯⋯⋯⋯1g

D.
葡萄乾⋯⋯⋯⋯60g
蘭姆酒⋯⋯⋯⋯40g
夏威夷果⋯⋯⋯20 粒

● 步 驟

1. 材料 A 的奶油軟化後，加入糖粉拌勻稍打發。
2. 材料 B 分三次加入拌勻。
3. 材料 C 混合過篩後加入稍拌勻，即可裝入擠花袋中。
4. 以圓孔擠花嘴擠出小圓形於烤盤上，再用夏威夷果或泡過蘭姆酒的葡萄乾點綴。
5. 以上火 180℃／下火 160℃烤約 12 分鐘。

tips

- 奶油和糖粉打得愈發，餅乾則愈膨鬆，但厚度也較厚。
- 葡萄乾一定要先泡酒，否則容易烤焦。

part 2
硬脆類

意大利脆餅

又烤又沾非常好玩…

● 材 料（30 片）

A.
- 全蛋……………3 個
- 細砂糖…………210g
- 鹽………………3g

B.
- 中筋麵粉………300g
- 低筋麵粉………50g
- 泡打粉…………7g
- 杏仁粉…………30g

C.
- 牛奶巧克力……400g

● 步 驟

1. 材料 A 一起打發至濕性發泡。（參考 P.8 頁蛋白打發）
2. 材料 B 全部一起過篩後，加入拌勻，整型成寬 10cm、厚 3cm 的長方塊。
3. 以上火 160℃／下火 160℃烤焙 30 分鐘。
4. 取出後切成每片寬 2cm、厚 3cm 的長方形，置於烤盤上。
5. 再以上火 130℃／下火 130℃烤焙 40 分鐘。
6. 牛奶巧克力隔水加熱融化，將餅乾一端沾裹巧克力醬，置於烤盤上，待凝固後即可食用。

肉桂意大利脆餅

杏仁提味大大加分⋯

●材料（30片）

A.
- 全蛋⋯⋯⋯⋯3個
- 紅糖⋯⋯⋯⋯200g
- 鹽⋯⋯⋯⋯⋯2g

B.
- 中筋麵粉⋯⋯340g
- 泡打粉⋯⋯⋯6g
- 蘇打粉⋯⋯⋯3g
- 肉桂粉⋯⋯⋯3g
- 荳蔻粉⋯⋯⋯3g

C.
- 杏仁條⋯⋯⋯150g

●步驟

1. 材料A一起打發至濕性發泡。
2. 將材料B全部過篩後加入，再加入材料C一起拌勻，即可整型成寬10cm、厚3cm的長方塊。
3. 以上火160℃／下火160℃烤焙30分鐘，取出後切成每片寬2cm、厚3cm的長方形，置於烤盤上。
4. 再以上火130℃／下火130℃烤焙40分鐘。

tips
- 杏仁條可用核桃或夏威夷果等核果類代替。
- 紅糖可增加肉桂粉的風味，還能使產品的顏色變得更美。

巧克力薄片

好學易做成功率高⋯

● 材 料（100片）

A. 白油⋯⋯⋯⋯175g
奶油⋯⋯⋯⋯85g
細砂糖⋯⋯⋯195g

B. 蛋白⋯⋯⋯⋯150g
蛋黃⋯⋯⋯⋯45g

C. 鮮奶油⋯⋯⋯33g

D. 低筋麵粉⋯⋯300g
可可粉⋯⋯⋯33g
蘇打粉⋯⋯⋯2g

E. 杏仁片⋯⋯⋯少許（裝飾用）

● 步 驟

1 材料A一起拌匀。（不必打發）

2 材料B、C一起隔水加熱45℃。

3 材料D混合過篩後，所有材料一起加入攪拌均勻。

4 用矽膠模將麵糊抹平至孔中，於上裝飾一片杏仁片。

5 以上火160℃／下火160℃烤焙8分鐘。

tips

- 建議可用矽力康模較易脱模。
- 若沒有矽膠模亦可利用製作杏仁瓦片用的圓孔塑膠片(材料行均售)成形，但烤盤須墊上不沾黏的烤盤布(紙)。

泡芙網

造型裝飾樂趣多…

● 材 料（100 片）

A.
- 橄欖油………30g
- 沙拉油………64g
- 水……………150g

B.
- 高筋麵粉……135g
- 鹽……………3g

C.
- 蛋……………200g

● 步 驟

1 材料 A 煮沸，趁熱沖入材料 B，拌勻後離火。

2 材料 C 分 4 次加入拌勻。

3 將麵糊裝入三角紙擠出葉子狀或交叉井字。

4 以上火 170℃／下火 170℃烤焙 7 分鐘，再將餅乾放在低溫烤箱中 5 分鐘，會更香脆。

tips

- 烤盤須用不沾的鐵弗龍材質。
- 一般烤盤則需再鋪烤盤紙或烤盤布。
- 三角紙在材料行多有販售，也可使用拋棄式塑膠擠花袋。

薰衣草餅乾

花草香氛味覺加分…

● 材料（80片）

A. 白油…………60g
奶油…………60g
糖粉…………160g

B. 蛋……………1個

C. 低筋麵粉……400g

D. 薰衣草………20g

● 步驟

薰衣草液製作：

以熱鮮奶 100g，泡入 10g 乾燥薰衣草。

1 材料 A 拌勻後，將材料 B 分 2 次加入拌勻。

2 材料 C 過篩後加入拌勻，最後加入材料 D 攪拌拌勻。

3 靜置 30 分鐘後，壓成 0.3cm 薄片，以滾輪刀切割成長 4cm、寬 2cm 大小，上面刷蛋黃液後點上少許薰衣草。

4 以上火 180℃／下火 160℃烤焙約 10 分鐘。

tips

- 擀成 0.3cm 薄片後，可冷藏 30 分鐘再切割，較不易變形。
- 沒有滾輪刀亦可使用一般菜刀切割。

檸檬餅乾

雙重果香口齒飄香⋯

● 材 料（50片）

A.
- 奶油⋯⋯⋯150g
- 檸檬⋯⋯⋯1 個（榨成汁）
- 細砂糖⋯⋯150g

B.
- 蛋⋯⋯⋯⋯2 個

C.
- 低筋麵粉⋯450g
- 檸檬粉⋯⋯少許

● 步 驟

1 材料 A 一起拌勻。

2 材料 B 分 3 次加入拌勻。

3 材料 C 過篩後加入拌勻。

4 擀成 0.3cm 厚的薄片，用圓形壓模壓出形狀，表面刷蛋黃，並用竹籤劃出線條。

5 以上火 180℃／下火 150℃烤焙約 12 分鐘。

tips

- 檸檬粉為一種香料，在烘焙原料行可購得。
- 若無檸檬粉可以檸檬皮屑代替。
- 沒有壓模也可用刀子切割成形。

巧克力雪球

苦甜參半興味無窮⋯

● 材 料（60 片）

A. 奶油⋯⋯⋯⋯75g
苦甜巧克力⋯150g

B. 細砂糖⋯⋯⋯140g

C. 蛋⋯⋯⋯⋯⋯2 個
香草精⋯⋯⋯少許

D. 低筋麵粉⋯⋯230g
可可粉⋯⋯⋯45g
鹽⋯⋯⋯⋯⋯2g
泡打粉⋯⋯⋯3g

E. 糖粉⋯⋯⋯⋯適量（表面沾裹用）

● 步 驟

1 材料 A 一起隔水加熱融化。

2 依序加入材料 B、材料 C 和過篩之材料 D 拌勻。

3 搓成圓球狀（直徑約 5 元硬幣大小），表面沾裹糖粉。

4 以上火 170℃／下火 150℃烤焙約 15 分鐘。

tips

- 沾完糖粉後要儘快烤焙，否則表面的糖易受潮。

巧克力小西餅

西點加料更顯魅力⋯

● 材料

A.	奶油	260g
	糖粉	180g
B.	蛋白	100g
C.	苦甜巧克力	66g
D.	杏仁粉	60g
	低筋麵粉	360g
	核桃丁	60g

● 步驟

1. 材料 A 拌勻。
2. 材料 B 加入。
3. 將巧克力隔水加熱，溶解後加入。
4. 材料 D 拌入，放置冰箱 2 小時後切片。
5. 以上火 160 ℃ ／下火 160℃烤焙約 15 ～ 18 分鐘。

玉米脆片

軟硬兼具口感一百⋯

● 材 料（25 片）

A.
- 奶油⋯⋯⋯⋯⋯⋯⋯65g
- 白油⋯⋯⋯⋯⋯⋯⋯65g
- 紅糖⋯⋯⋯⋯⋯⋯⋯65g
- 糖⋯⋯⋯⋯⋯⋯⋯⋯40g

B.
- 蛋⋯⋯⋯⋯⋯⋯⋯⋯1 個
- 香草精⋯⋯⋯⋯⋯⋯少許

C.
- 玉米脆片⋯⋯⋯⋯⋯65g
- 葡萄乾⋯⋯⋯⋯⋯⋯80g
- 核桃⋯⋯⋯⋯⋯⋯⋯65g

D.
- 低筋麵粉⋯⋯⋯⋯⋯175g
- 泡打粉⋯⋯⋯⋯⋯⋯5g
- 蘇打粉⋯⋯⋯⋯⋯⋯5g

● 步 驟

1 材料 A 的油脂打軟後，再加入糖粉打至鬆發絨毛狀。（參考 P.9 頁糖油拌合法）。

2 材料 B 混合後，分 2 次加入拌勻。

3 材料 C 切碎後加入拌勻。

4 材料 D 混合過篩後，加入拌勻。

5 麵糰分割成每個約 30g，搓圓後排入烤盤再稍微壓扁。

6 以上火 150℃／下火 150℃烤焙約 15 分鐘，再以上火 100℃／下火 0℃烤焙約 5 分鐘。

tips

・此產品烘烤時較容易膨脹，故兩片之間的距離要加大。

香蔥棒

鹹甜交織滋味難忘⋯

● 材 料（100 條）

蛋中筋麵粉⋯⋯⋯700g
細砂糖⋯⋯⋯⋯⋯15g
鹽⋯⋯⋯⋯⋯⋯⋯10g
快發乾酵母⋯⋯⋯5g
乾燥蔥⋯⋯⋯⋯⋯18g
奶油⋯⋯⋯⋯⋯⋯10g
水⋯⋯⋯⋯⋯⋯⋯310g

● 步 驟

1 將所有材料拌揉成糰，以壓麵機擀開成 0.2cm 的薄片後，冷凍鬆弛 30 分鐘。

2 取出切割成長 15cm、寬 1cm 的長條形。

3 放入烤盤以上火 160℃／下火 160℃烤焙約 12 分鐘。

tips

• 一般用機械擀壓厚度較平均，用手亦可。（記得擀壓前要撒灑上適量高筋麵粉防沾）

造型餅乾

全家同樂感情加分⋯

● 材 料（60 片）

A. 奶油⋯⋯⋯⋯350g
細砂糖⋯⋯⋯220g

B. 蛋⋯⋯⋯⋯⋯1 個

C. 低筋麵粉⋯⋯475g
杏仁粉⋯⋯⋯25g

● 步 驟

1 材料 A 拌勻。（不必打發）

2 材料 B 加入拌勻。

3 材料 C 混合過篩後拌入成糰。

4 放入冰箱 30 分後，取出擀平成 0.4cm 厚的薄片，再以自己喜歡的模型壓出造型。

5 以上火 170℃／下火 160℃烤焙約 12 分鐘。

tips

- 烤焙前亦可於表面刷全蛋液，烤完後更具光澤。
- 表面以巧克力醬或白巧克力醬，劃出自己喜愛的圖樣。

椰子薄片

香香濃濃幸福起點……

●材 料（30片）

A. | 蛋白……………75g
 | 細砂糖…………97g

B. | 低筋麵粉………25g
 | 椰子粉…………75g

C. | 溶化奶油………72g

●步 驟

1 材料A打發至硬性發泡。(參考P.8頁蛋白打發)

2 材料B麵粉過篩後，和椰子粉一起加入拌勻。

3 最後加入材料C拌勻，裝入擠花袋中。

4 用平口圓孔花嘴擠在烤盤上。

5 以上火160℃／下火160℃烤焙約15分鐘。

---

tips

• 蛋白打發後，在拌粉和奶油時速度要快，儘量不要消泡，否則會影響外觀和口感。

蜂巢餅

極致享受　甜香口感

●材料（50片）

A.
- 奶油……………205g
- 牛奶……………95g
- 細砂……………245g
- 糖漿……………95g

B.
- 杏仁角…………280g

●步驟

1. 材料A一起煮至110℃。
2. 材料B加入拌勻後，冷卻備用。
3. 分割每個15g後，搓圓排於烤盤上，每個間隔4cm。
4. 以上火180℃／下火180℃烤焙約10分鐘。

---

tips

- 1. 此種餅乾可趁熱塑型成捲筒狀，做為裝飾用。
- 2. 烤完的成品必需完全密封，否則容易因為受潮而變形。

芙蘭西餅

手做創意成就感高⋯

● 材 料（20 片）

餅乾麵糰

A.
奶油⋯⋯⋯⋯⋯100g
糖粉⋯⋯⋯⋯⋯170g

B.
蛋白⋯⋯⋯⋯⋯70g

C.
低筋麵粉⋯⋯⋯200g
杏仁粉⋯⋯⋯⋯20g

內餡

A.
奶油⋯⋯⋯⋯⋯40g
麥芽⋯⋯⋯⋯⋯10g
動物性鮮奶油⋯35g
細砂糖⋯⋯⋯⋯40g
蜂蜜⋯⋯⋯⋯⋯15g

B.
杏仁片⋯⋯⋯⋯110g

● 內餡做法

1 材料 A 一起煮沸，材料 B 加入拌勻後冷卻備用。

● 步 驟

1 材料A的油脂打軟後，再加入糖粉打至鬆發絨毛狀。（參考 P.9 頁糖油拌合法）

2 材料 B 分 2 次加入拌勻。

3 最後將材料 C 混合過篩後加入拌勻。

4 以 8 齒菊花嘴擠成中空的橢圓形後，在中間放入內餡。

5 以上火 200℃／下火 160℃烤焙約 12 分鐘。

阿拉棒

動手體驗趣味過程⋯

● 材 料（60條）

A.
- 高筋麵粉⋯⋯⋯310g
- 水⋯⋯⋯⋯⋯⋯⋯190g
- 鹽⋯⋯⋯⋯⋯⋯⋯6g
- 細砂糖⋯⋯⋯⋯12g
- 白油⋯⋯⋯⋯⋯12g
- 快發乾酵母⋯⋯3g
- 奶粉⋯⋯⋯⋯⋯12g

B.
- 起士粉⋯⋯⋯⋯125g
- 細砂糖⋯⋯⋯⋯175g
- 蛋⋯⋯⋯⋯⋯⋯2個
- 奶油⋯⋯⋯⋯⋯50g

C.
- 高筋麵粉⋯⋯⋯450g
- 低筋麵粉⋯⋯⋯250g

● 步 驟

1. 材料A一起拌勻成糰後發酵1小時。
2. 麵糰搓揉至光滑後，再發酵30分鐘。
3. 加入材料B一起拌勻後，加入材料C以攪拌機中速攪拌8分鐘。
4. 用壓麵機壓至光滑後，擀成寬10cm 、厚1cm的長方形。
5. 切成寬1cm、長10cm的長條，稍搓成螺旋狀排於烤盤，表面刷上奶水。
6. 以上火170℃／下火100℃烤焙約15分鐘。

tips

- 麵糰攪拌好後，就要馬上成型，一但麵糰發酵之後，不但成型不易，且組織較為粗糙。
- 可用手壓，唯較不平整而已。

薄燒杏仁

薄薄一片美味無限…

●材 料（40片）

低筋麵粉……500g
奶油…………200g
乾酵母………3g
冰水…………125g
鹽……………10g
杏仁片………適量
蛋……………2 個（刷表面用）

●步 驟

1 所有材料拌勻後冷藏 1 小時。

2 擀開成厚 0.2cm 的薄片後·用滾輪刀切割成長 6cm、寬 3cm 的長方形。

3 在薄片上刷全蛋液、撒上杏仁片，平均排入烤盤。

4 以上火 180℃／下火 150℃烤約 15 分鐘，再以上火 160℃／下火 210℃烤約 25 分鐘即可。

葡萄夾心餅

淡淡酒味成熟風味⋯

● 材料（8片）

餅乾皮

A.
- 醱酵奶油⋯⋯144g
- 糖粉⋯⋯⋯⋯72g
- 鹽⋯⋯⋯⋯⋯1g

B.
- 全蛋⋯⋯⋯⋯40g

C.
- 低筋麵粉⋯⋯205g
- 泡打粉⋯⋯⋯1g

葡萄夾心內餡

A.
- 醱酵奶油⋯⋯60g
- 糖粉⋯⋯⋯⋯30g
- 白蘭地⋯⋯⋯20g

B.
- 葡萄乾⋯⋯⋯90g
- 紅酒⋯⋯⋯⋯30g
- 白蘭地⋯⋯⋯10g

● 餅乾皮步驟

1. 材料 A 一起打發至絨毛狀。（參考 P.9 頁糖油拌合法）
2. 分 2 次加入材料 B 拌勻。
3. 材料 C 混合過篩加入，拌勻後冷凍 1 小時。
4. 成 20 公分正方形，再冰 20 分鐘。
5. 切割成 5cm 正方形，共 16 片，並刷上蛋黃液。
6. 以上火 190℃／下火 150℃烤約 10 分鐘。

● 葡萄夾心內餡步驟

1. 材料 A 中奶油和糖粉打發，加入白蘭地拌勻。
2. 材料 B 中葡萄乾和紅酒炒至酒收乾，關火加入白蘭地拌勻。
3. 再將兩項拌勻。

● 組合

1. 每兩片烤好的餅乾中間夾一層餡即可。

啤酒棒

大口咬下豪邁奔放⋯

● 材 料（17 條）

高筋麵粉⋯⋯⋯⋯240g
義大利小麥粉⋯⋯60g
鹽⋯⋯⋯⋯⋯⋯⋯6g
酵母⋯⋯⋯⋯⋯⋯3g
S—500⋯⋯⋯⋯⋯3g
起士粉⋯⋯⋯⋯⋯20g
啤酒⋯⋯⋯⋯⋯⋯83g
冰水⋯⋯⋯⋯⋯⋯86g
橄欖油⋯⋯⋯⋯⋯30g

● 步 驟

1. 所有材料一起用攪拌機以中速攪拌 6 分鐘。（或用手揉至麵糰表面光滑）
2. 發酵 40 分鐘後，每個分割成 30g。
3. 慢慢搓長至每條約 30cm 長，再鬆弛 20 分鐘。
4. 以上火 200℃／下火 180℃烤約 12 分鐘後，改上火 100℃／下火 100℃再烤 12 分鐘。

---

tips

- 義大利小麥粉亦可用細裸麥粉代替。
- S-500 為改良劑，不加亦可。

富貴酥

大富大貴討喜吉利…

●材 料（30cm×40cm 一盤）

餅乾皮

A.
- 奶油……………210g
- 糖粉……………90g
- 酥油……………15g

B.
- 蛋白……………27g
- 鹽………………1g

C.
- 香草精…………少許
- 低筋麵粉………330g

杏仁餡

A.
- 奶油……………150g
- 麥芽……………45g
- 動物性鮮奶油…90g
- 細砂糖…………90g
- 蜂蜜……………45g

B.
- 杏仁片…………300g

●杏仁餡步驟

1. 材料 A 煮至金黃色。
2. 杏仁片加入拌勻冷卻備用。

●餅乾步驟

1. 材料 A 的油脂打軟後，再加入糖粉打至鬆發絨毛狀。（參考 P.9 頁糖油拌合法）
2. 材料 B 分 2 次加入拌勻。
3. 材料 C 混合過篩後加入拌勻，冷藏 30 分鐘。
4. 取出平置於烤盤上（30cm×40cm 烤盤），四邊要留 1cm 高的邊。
5. 將製作好的杏仁餡倒入抹平，以上火 160℃／下火 210℃烤約 25 分鐘。

南瓜子曲奇

健康果仁適量攝取⋯

● 材 料（60 片）

A. 奶油⋯⋯⋯⋯225g

B. 糖粉⋯⋯⋯⋯144g
低筋麵粉⋯⋯312g
奶粉⋯⋯⋯⋯32g
奶水⋯⋯⋯⋯32g

C. 南瓜子⋯⋯⋯150g

● 步 驟

1. 材料 A 冰硬後切小塊。
2. 材料 B 和材料 A 一起拌勻後，加入材料 C 拌揉成糰。
3. 搓揉成 15cm 長的圓柱形長條 2 條。
4. 冷凍 4 小時後，取出切片，每片厚 0.5cm，排於盤上。
5. 以上火 180℃／下火 150℃烤約 15 分鐘。

紅椒薄餅

歐式風味片片回味…

●材 料（30片）

A.
- 高筋麵粉………500g
- 全蛋……………20g
- 水………………350g
- 鹽………………10g

B.
- 匈牙利紅椒粉…25g

●步 驟

1 材料A一起攪拌成糰即可冷藏鬆弛1小時。

2 擀開成厚0.2cm的薄片，上撒匈牙利紅椒粉。

3 切成底12cm、高15cm的三角形。

4 以上火220℃／下火180℃烤約10分鐘。

芝麻薄餅

小小顆粒香氣四溢…

● 材料（48片）

A.
- 蛋白……………50g
- 全蛋……………50g
- 細砂糖…………125g

B.
- 鮮奶油…………50g
- 奶油……………50g

C.
- 低筋麵粉………50g

D.
- 白芝麻…………250g
- 黑芝麻…………50g

● 步驟

1. 材料A拌勻。
2. 材料B溶化加入拌勻。
3. 材料C過篩後，加入拌勻。
4. 材料D混合加入拌勻，靜置30分鐘，倒入30cm×40cm大小的烤盤內抹平。
5. 以上火150℃／下火150℃烤焙約18分鐘。
6. 出爐後，趁熱切成5cm×5cm的正方形共48片。

---

tips

- 切割一定要趁熱，冷卻後才切割則餅乾容易破碎。

奶油蛋捲

一次一根小孩超愛⋯

● 材 料（30 條）

A.
- 奶油⋯⋯⋯⋯⋯⋯200g
- 糖粉⋯⋯⋯⋯⋯⋯200g
- 蛋白⋯⋯⋯⋯⋯⋯200g

B.
- 低筋麵粉⋯⋯⋯⋯200g
- 香草粉⋯⋯⋯⋯⋯1g
- 奶粉⋯⋯⋯⋯⋯⋯12g

● 步 驟

1. 材料 A 中奶油先軟化後一起拌勻。
2. 材料 B 混合過篩後加入拌勻。
3. 靜置鬆弛 30 分鐘後，在不沾烤盤上抹平成直徑 9cm 的圓形薄片。
4. 以上火 220℃／下火 150℃烤約 10 分鐘。
5. 趁熱用圓棍捲起成型。
6. 冷卻後以巧克力醬及爆米花裝飾。

杏仁酥餅

捲起酥脆口口回味⋯

●材 料（25條）

A.
- 細砂糖⋯⋯⋯⋯240g
- 低筋麵粉⋯⋯⋯60g
- 杏仁片⋯⋯⋯⋯200g（碎）
- 椰子粉⋯⋯⋯⋯100g

B.
- 全蛋⋯⋯⋯⋯⋯160g
- 蛋白⋯⋯⋯⋯⋯160g

●步 驟

1. 材料 A 一起混合均勻。
2. 材料 B 打散後加入拌勻。
3. 靜置 30 分鐘後，在不沾烤盤上抹平成直徑 12cm 的圓形薄片。
4. 以上火 200℃／下火 130℃烤約 12 分鐘。
5. 趁熱用圓棍捲起成型。

杏仁瓦片

人氣商品巧手好做…

● 材 料（15片）

A. 蛋白……………100g
細砂糖……………100g

B. 奶油……………45g

C. 低筋麵粉…………45g

D. 杏仁片……………120g

● 步 驟

1 材料 A 隔水加熱攪拌至糖融化。

2 材料 B 融化後加入拌勻。

3 材料 C 過篩後加入輕輕拌勻。

4 最後加入材料 D，稍拌勻即可靜置 30 分鐘。

5 在不沾烤盤上平均分成 15 份，用手指壓開成 8cm 直徑薄片。

6 以上火 150℃／下火 150℃烤約 20 分鐘。

tips

- 壓開時手指可先沾水，較不易沾黏。
- 壓開時杏仁片儘量不要重疊。
- 烤完後，於稍有餘溫時，便要儘速密封，可保持酥脆口感。

黑胡椒薄餅

辛香微辣簡單夠味⋯

● 材 料（30cm×40cm 三盤）

A.
- 低筋麵粉⋯⋯⋯500g
- 細砂糖⋯⋯⋯⋯10g
- 鹽⋯⋯⋯⋯⋯⋯8g
- 黑胡椒⋯⋯⋯⋯10g

B.
- 乾酵母⋯⋯⋯⋯2g
- 溫水⋯⋯⋯⋯⋯300c.c.（35℃～36℃）

C.
- 培根丁⋯⋯⋯⋯100g（碎）

● 步 驟

1. 培根丁乾炒，冷卻後瀝油備用。
2. 材料 B 先拌勻後，加入材料 A 和培根丁一起揉合成糰。
3. 鬆弛 30 分鐘後，分成每糰 300g 大小，共 3 糰，擀成厚 0.1cm 薄片。
4. 放入烤盤並鬆弛 10 分鐘。
5. 以上火 170℃／下火 150℃烤約 15 分鐘。

part 3
柔韌類

蜂蜜核桃

金黃誘人派皮酥香⋯

● 材 料（30cm×40cm 一盤）

A.
- 細砂糖⋯⋯⋯⋯⋯250g
- 蜂蜜⋯⋯⋯⋯⋯⋯280g
- 奶油⋯⋯⋯⋯⋯⋯60g
- 鮮奶油⋯⋯⋯⋯⋯110g
- 鹽⋯⋯⋯⋯⋯⋯⋯5g

B.
- 核桃⋯⋯⋯⋯⋯⋯50g（烤焙過）

C.
- 甜派皮⋯⋯⋯⋯⋯800g

● 烤核桃

1 將核桃切丁後，置入 150℃烤箱烤約 20 分鐘，放涼備用。

● 步 驟

1 材料 A 一起加熱煮至濃稠。（金黃色）

2 材料 B 烤過後加入拌勻，倒入鋪好甜派皮（約 400g）的烤盤中。

3 於上再鋪上一層約 400g 甜派皮後，表面刷上蛋液。

4 以上火 150℃／下火 250℃烤焙 20 ～ 25 分鐘。

5 冷卻後切成 2cm×5cm 的長條。

黃金cheese球

香濃順口一顆接一顆⋯

● 材料（60個）

A.
- 細砂糖⋯⋯⋯⋯⋯200g
- 高達起士⋯⋯⋯⋯150g
- 白油⋯⋯⋯⋯⋯⋯100g
- 奶油⋯⋯⋯⋯⋯⋯100g

B.
- 全蛋⋯⋯⋯⋯⋯⋯150g

C.
- 低筋麵粉⋯⋯⋯⋯500g
- 泡打粉⋯⋯⋯⋯⋯15g
- 小蘇打粉⋯⋯⋯⋯5g

● 步驟

1. 將材料A的油脂打軟後，加入糖打至鬆發絨毛狀。(參P.9頁糖油拌合法）
2. 將材料B蛋分3次加入，攪拌到均勻細緻無顆粒狀。
3. 材料C混合過篩後，加入拌勻成糰。
4. 麵糰分成每個20g，搓圓後排入烤盤。
5. 以上火170℃／下火160℃烤焙約15分鐘。

比司吉

速食店販售家中可做⋯

● 材 料（30 個）

A.
- 高筋麵粉⋯⋯400g
- 細砂糖⋯⋯⋯50g
- 泡打粉⋯⋯⋯24g
- 鹽⋯⋯⋯⋯⋯2 個

B.
- 奶油⋯⋯⋯⋯300g（軟化）

C.
- 葡萄乾⋯⋯⋯130g
- 鮮奶⋯⋯⋯⋯220g
- 蛋⋯⋯⋯⋯⋯2 個

● 步 驟

1. 材料 A 全部一起拌匀。
2. 材料 B 加入搓揉均匀。
3. 材料 C 一起加入輕揉成糰。
4. 鬆弛 30 分鐘後，擀平成厚約 2cm 的長方形。
5. 以圓形壓模壓出成形，在表面刷全蛋液。
6. 以上火 220℃／下火 180℃烤焙約 15 分鐘。

tips

- 步驟 4. 若能充分鬆弛，則烤焙後較不易變形。

鮭魚鬆餅

甜鹹口感營養倍增⋯

● 材 料（30 個）

A.
- 高筋麵粉⋯⋯⋯⋯200g
- 中筋麵粉⋯⋯⋯⋯200g
- 鮭魚鬆⋯⋯⋯⋯⋯200g

B.
- 奶油⋯⋯⋯⋯⋯⋯200g（軟化）

C.
- 牛奶⋯⋯⋯⋯⋯⋯300g
- 蛋⋯⋯⋯⋯⋯⋯⋯2 個
- 動物性鮮奶油⋯⋯25g

● 步 驟

1 材料 A 一起拌勻。

2 材料 B 軟化後，加入搓揉均勻。

3 材料 C 一起加入輕揉成糰。

4 鬆弛 30 分鐘後，擀成厚約 2cm 的長方形。

5 以壓模壓出成形，表面刷上全蛋液。

6 以上火 220℃／下火 180℃烤焙約 15 分鐘。

葡萄燕麥

延伸健康新概念…

● 材 料（60片）

A.
- 奶油………………310g
- 細砂糖……………200g
- 鹽…………………2g

B.
- 低筋麵粉…………310g
- 玉米片……………100g
- 燕麥片……………220g
- 葡萄乾……………120g
- 蘇打粉……………3g

C.
- 奶水………………90g
- 香草精……………少許

● 步 驟

1. 材料 A 以中速攪拌均勻。
2. 材料 B 加入一起拌勻。
3. 最後加入材料 C 輕拌成糰。
4. 麵糰每個分割成 35g，搓圓後排入烤盤。
5. 稍微壓平後，以上火 160℃／下火 160℃ 烤焙約 18 分鐘。

軟糖香酥餅乾

一派輕鬆好做好吃…

● 材 料（40 片）

A. 杏仁膏…………150g
奶油……………75g
細砂糖…………50g

B. 牛奶……………40g

C. 低筋麵粉………85g

D. 軟糖……………適量

● 步 驟

1 材料 A 的油脂打軟後，再加入糖粉打至鬆發絨毛狀。（參考 P.9 頁糖油拌合法）

2 材料 B 分 2 次加入拌勻。

3 材料 C 過篩後加入拌勻，裝入擠花袋中。

4 用 8 齒或 10 齒菊花花嘴擠出成形，均勻擺上軟糖。

5 以上火 180℃／下火 150℃烤約 15 分鐘。

tips

• 配方中可以牛奶來代替蛋，成品會較硬酥。

布林斯餅乾

鬆軟口感苦甜飄香⋯

● 材 料（25 片）

A.
- 杏仁膏⋯⋯⋯⋯⋯150g
- 奶油⋯⋯⋯⋯⋯⋯65g
- 糖粉⋯⋯⋯⋯⋯⋯35g

B.
- 牛奶⋯⋯⋯⋯⋯⋯22g

C.
- 低筋麵粉⋯⋯⋯⋯70g
- 可可粉⋯⋯⋯⋯⋯16g

D.
- 黑巧克力醬⋯⋯⋯適量（裝飾用）

● 步 驟

1. 材料 A 的油脂打軟後，加入糖粉打至鬆發絨毛狀。（參考 P.9 頁糖油拌合法）
2. 材料 B 分 2 次加入拌勻。
3. 材料 C 混合過篩後加入，快速拌勻，不可過度。
4. 將麵糊裝入擠花袋中，以 8 齒菊花花嘴擠出成形。
5. 以上火 190℃／下火 150℃烤約 12 分鐘。
6. 冷卻後兩邊沾上巧克力醬。

tips

- 杏仁膏可選用以 1：1（糖：杏仁粉）為宜。
- 產品加入杏仁膏後，產品的濕潤度較為足夠。

堅果餅乾

入口鬆軟老饕最愛⋯

● 材料（60片）

A. 無鹽奶油⋯⋯75g
糖粉⋯⋯⋯⋯75g

B. 全蛋⋯⋯⋯⋯1個
蛋黃⋯⋯⋯⋯半個

C. 核桃粉⋯⋯⋯50g
杏仁粉⋯⋯⋯45g
蛋糕屑⋯⋯⋯70g
低筋麵粉⋯⋯35g
泡打粉⋯⋯⋯15g

D. 夏威夷豆⋯⋯適量

● 步驟

1. 材料A拌勻後，將材料B分3次加入拌勻。
2. 材料C一起先拌勻後，再加入前項一起拌勻即可。
3. 擠入小塔模中，約8分滿，放上夏威夷豆。
4. 以上火180℃／下火160℃烤約15分鐘。
5. 出爐後馬上灑糖粉。

tips

- 夏威夷豆亦稱為火山豆，即是Macadamianut。

蛋白薄餅

傳統口感突顯奶香…

● 材料（30片）

A.
- 蛋白…………140g
- 細砂糖………190g

B.
- 杏仁粉………190g
- 低筋麵粉……40g

C.
- 奶油…………40g

D.
- 杏仁片………適量

● 步驟

1. 材料 A 中蛋白打至硬性發泡後（參考 P.8 頁蛋白打發），改中速將細砂糖分二次加入攪拌，至糖完全溶化。
2. 材料 B 混合過篩後加入拌勻。
3. 材料 C 融化後加入拌勻。
4. 烤盤刷油，以鋸齒花嘴擠成長 5cm、寬 3cm 的長方形，於上放置杏仁片。
5. 以上火 170℃／下火 130℃烤約 15 分鐘。

tips

- 烤盤亦可墊上不沾烤布。

小貝殼

討喜可愛小孩最愛…

● 材 料（30片）

A. 杏仁膏…………150g
奶油……………75g
細砂糖…………50g

B. 牛奶……………40g

C. 低筋麵粉………90g

D. 檸檬皮…………1/4 個

E. 白巧克力………適量
開心果碎………適量

● 步 驟

1. 材料 A 一起打發至呈絨毛狀。
2. 依序加入材料 B、C、D 拌勻。
3. 用 8 齒菊花嘴擠出貝殼型
4. 以上火 180℃／下火 160℃烤約 1 分鐘。
5. 冷卻後沾上白巧克力醬和開心果碎即可。

---

tips

• 開心果碎亦可選用黑巧克力碎代替。

燒果子

傳統復古日系風味⋯

● 材 料（30片）

A.
- 蛋白⋯⋯⋯⋯⋯145g
- 細砂糖⋯⋯⋯⋯65g
- 塔塔粉⋯⋯⋯⋯2g

B.
- 杏仁粉⋯⋯⋯⋯80g
- 糖粉⋯⋯⋯⋯⋯20g

C.
- 鮮奶油⋯⋯⋯⋯20g

● 步 驟

1 材料A隔水加熱至60℃，打至硬性發泡。（參考P8蛋白打發）

2 材料B加入拌勻。

3 材料C加熱至65℃後加入拌勻，用圓孔平口花嘴擠出成型。

4 以上火200℃／下火120℃烤約5分鐘。冷卻後上撒糖粉。

---

tips

- 出爐後表面可用白巧克力醬劃線，更顯美觀。

糖燒果子

五感享受樂趣多多⋯

材料（25個）

A.
- 全蛋⋯⋯⋯⋯⋯⋯⋯⋯180g
- 糖⋯⋯⋯⋯⋯⋯⋯⋯⋯110g
- 鹽⋯⋯⋯⋯⋯⋯⋯⋯⋯2g
- 乳化劑 (SP)⋯⋯⋯⋯18g

B.
- 低筋麵粉⋯⋯⋯⋯⋯⋯120g
- 玉米粉⋯⋯⋯⋯⋯⋯⋯8g
- 泡打粉⋯⋯⋯⋯⋯⋯⋯1g

C.
- 裝飾用巧克力醬和麥粒爆米花。

步驟

1. 材料 A 以慢速拌勻。
2. 加入材料 B 快速攪拌 2 分鐘後，換中速打發，以手指沾不滴落為準。
3. 裝入擠花袋，用圓孔平口花嘴擠於長形或圓形的烤盤上。
4. 以上火 200℃／下火 170℃烤約 15 分鐘。
5. 冷卻後沾巧克力醬及麥粒爆米花。

tips

- 作法 3 可擠不同形狀，表面亦可做不同裝飾。
- 兩片中間亦可夾奶油霜，以奶油 100g、糖粉 50g 打發即可。

卡雷特

熟記步驟好做不難⋯

● 材 料（70 個）

A.
- 無鹽奶油⋯⋯⋯⋯1000g
- 糖粉⋯⋯⋯⋯⋯⋯600g
- 鹽⋯⋯⋯⋯⋯⋯⋯11g

B.
- 蛋黃⋯⋯⋯⋯⋯⋯10 粒

C.
- 泡打粉⋯⋯⋯⋯⋯11g
- 低筋麵粉⋯⋯⋯⋯1000g
- 玉米粉⋯⋯⋯⋯⋯100g

● 步 驟

1. 材料 A 的油脂打軟後，再加入糖粉打至鬆發絨毛狀。（參考 P.9 頁糖油拌合法）
2. 材料 B 分 3 次加入拌勻。
3. 材料 C 混合過篩後加入拌勻，再冷藏 2 小時。
4. 擀開成長 60cm、寬 20cm 的長方形，折成 3 折再擀開成厚 1.5cm 的長方形。
5. 用直徑 4cm 的圓形模壓出形狀，表面刷上全蛋液後劃出方格狀。
6. 以上火 200℃／下火 180℃烤約 18 分鐘。

---

tips

- 若圓形模數量足夠，最好連模具一起烘烤較不易變形，但模型需刷上奶油較易脫模。

夏威夷果餅乾

熱帶風情相互激盪⋯

●材 料（50片）

A.
- 杏仁膏⋯⋯⋯⋯⋯⋯200g
- 糖粉⋯⋯⋯⋯⋯⋯⋯50g
- 細砂糖⋯⋯⋯⋯⋯⋯140g
- 無鹽奶油⋯⋯⋯⋯⋯160g

B.
- 全蛋⋯⋯⋯⋯⋯⋯⋯1 個

C.
- 低筋麵粉⋯⋯⋯⋯⋯290g

D.
- 夏威夷果⋯⋯⋯⋯⋯50 粒
- 藍莓醬⋯⋯⋯⋯⋯⋯少許

●步 驟

1. 材料 A 一起拌勻。
2. 全蛋分 2 次加入拌勻。
3. 材料 C 過篩加入拌勻，冷藏 1 小時。
4. 取出搓揉成 25cm 長的圓柱形 2 條，再冷凍 3 小時。
5. 外沾細砂糖，切成 1cm 厚圓形薄片，排於烤盤上。
6. 表面擠上少許藍莓醬，並放上 1 粒夏威夷果。
7. 以上火 180℃／下火 130℃烤約 15 分鐘。

美式燕麥大餅

富含健康與飽足概念…

● 材 料（30片）

A.
- 奶油……………160g
- 紅糖……………150g
- 細砂糖…………160g

B.
- 全蛋……………120g

C.
- 低筋麵粉………300g
- 泡打粉…………10g

D.
- 核桃碎…………100g
- 巧克力豆………100g
- 燕麥片…………150g

● 步 驟

1. 材料A的油脂打軟後，加入糖粉打至鬆發絨毛狀。（參考P.9頁糖油拌合法）
2. 材料B分2次加入拌勻。
3. 材料C混合過篩後加入拌勻，最後加入材料D拌勻。
4. 冷藏30分鐘，每40g搓成圓球狀排於烤盤上稍壓平。
5. 以上火190℃／下火150℃烤約18分鐘。

巧克力燕麥

健康茶點大受歡迎…

● 材料（30個）

A.
- 奶油…………165g
- 細砂糖………140g
- 紅糖…………100g
- 鹽……………2g

B.
- 蛋……………70g

C.
- 低筋麵粉……165g
- 泡打粉………3g
- 蘇打粉………1.5g

D.
- 燕麥片………200g
- 巧克力豆……250g
- 核桃碎………120g

● 步驟

1. 材料 A 的油脂打軟後，加入糖粉打至鬆發絨毛狀。（參考 P.9 頁糖油拌合法）
2. 材料 B 分 3 次加入拌勻。
3. 材料 C 混合過篩後加入拌勻。
4. 材料 D 一起加入拌勻成糰。
5. 用手搓成小圓球，每個約 40g 重，排入烤盤後稍微壓扁。
6. 以上火 180℃／下火 150℃烤約 18 分鐘。

椰子球

椰林風情小巧可口…

● 材料（50個）

A.
- 有鹽奶油………120g
- 細砂糖…………100g

B.
- 全蛋……………60g
- 蛋黃……………60g
- 蜂蜜……………16g

C.
- 奶油……………16g
- 椰子粉…………260g

● 步驟

1. 材料 A 拌勻後稍打發。
2. 材料 B 分 3 次加入拌勻。
3. 最後加入材料 C 拌勻。
4. 用手搓成小圓球，每個重約 12g，排於烤盤上。
5. 以上火 210℃／下火 130℃烤約 12 分鐘。

芬格小點

討喜鬆軟好滋味⋯

● 材 料（50片）

A.
- 全蛋⋯⋯⋯⋯⋯⋯⋯⋯6 個
- 蛋黃⋯⋯⋯⋯⋯⋯⋯⋯4 個
- 糖⋯⋯⋯⋯⋯⋯⋯⋯⋯300g

B.
- 低筋麵粉⋯⋯⋯⋯⋯⋯340g
- 香草粉⋯⋯⋯⋯⋯⋯⋯1g

● 步 驟

1. 材料 A 一起打至全發，以手指沾不滴落為準。
2. 材料 B 混合過篩後加入拌勻，裝入擠花袋中。
3. 用圓孔平口花嘴擠出小圓形於白報紙上，於表面撒上糖粉。
4. 以上火 230℃／下火 170℃烤約 8 分鐘。

---

tips

- 配方中可加少許草莓濃縮醬，就可成為草莓口味。
- 低筋麵粉改成 320g，再加上 25g 可可粉，即為巧克力口味。
- 將奶油 100g、糖粉 50g 一起打發，即可做為兩片小點心中間的餡料。

part 4
層酥類

起士酥條

層次口感巧妙融合⋯

● 材 料（80 條）

A.
- 中筋麵粉⋯⋯1000g
- 細砂糖⋯⋯⋯30g
- 鹽⋯⋯⋯⋯⋯30g
- 奶油⋯⋯⋯⋯50g
- 酵母⋯⋯⋯⋯8g
- 水⋯⋯⋯⋯⋯600g

B.
- 裹入油⋯⋯⋯200g（瑪琪琳）

C.
- 起士粉⋯⋯⋯適量（帕米森）
- 蛋⋯⋯⋯⋯⋯1 個（刷表面用）

● 步 驟

1. 材料 A 一起拌揉至均勻成糰。
2. 冷凍 30 分鐘後開成長 60cm、寬 25cm 厚，將表面的三分之二面積之抹上裹入油。
3. 將未抹油的部份先折入中間，再將另一邊折入而成三折。
4. 再重覆一次三折後，冷凍 30 分鐘。
5. 取出擀開成厚 1cm、寬 15cm、長 80cm 的長方形，表面刷全蛋液，並撒上帕米森起士粉，再切割成每條寬 1cm、長 15cm 的長條，稍扭捲成螺旋狀。
6. 以上火 160℃／下火 150℃烤焙約 25 分鐘。

丹妮棒

好吃好拿一試難忘…

● 材料（30條）

A.
- 高筋麵粉…180g
- 低筋麵粉…150g
- 水…………180g
- 細砂糖……12g
- 鹽…………5g
- 奶油………30g（軟化）

B.
- 裹入油……220g

C.
- 細砂糖……適量（沾裹用）

● 步驟

1. 材料A一起拌勻成糰。
2. 冷凍30分鐘，包入裹入油後成三折2次（可參考P.127頁起士酥做法），再冷凍30分鐘。
3. 取出擀開成長30cm、寬15cm的長方形，切割成每條寬1cm、長15cm的長條，外沾裹細砂糖，再稍捲成螺旋狀。
4. 以上火160℃／下火160℃烤焙約25分鐘。

tips

・裹入油一般可使用瑪琪琳，烘焙材料行均售有片狀瑪琪琳。

杏仁千層派

層次分明口感極佳⋯

● 材 料（40 片）

A. 高筋麵粉⋯200g
低筋麵粉⋯135g
冰水⋯⋯⋯170g
細砂糖⋯⋯10g

B. 裹入油⋯⋯235g（瑪琪琳）

C. 蛋白霜（以蛋白 100g、糖粉 100g 拌勻即可。）

D. 杏仁角⋯⋯250g（撒於表面用）

● 步 驟

1. 材料 A、B 參考（P.127 頁）起士酥條製作三折，3 次後冷藏 30 分鐘。
2. 擀開成厚 0.2cm 的長方形薄片後，表面塗上蛋白霜。
3. 用滾輪刀切割出長 5cm、寬 2cm 的長條形，撒上杏仁角排於烤盤上。
4. 以上火 180℃／下火 160℃ 烤焙 15 分鐘後，改上火 100℃／下火 150℃，再烤焙 15 分鐘即可。

芝士千層脆餅

又脆又香齒頰芬芳…

● 材 料（25 片）

A.
- 奶油……………190g
- 乳酪片…………120g

B.
- 低筋麵粉………300g
- 鹽…………………6g
- 胡椒粉…………少許

C.
- 牛奶……………145g

● 步 驟

1. 材料 A 冷藏後切丁備用。
2. 將材料 A、B、C 一起拌壓成糰，不需搓揉。
3. 擀開成長 40cm、寬 12cm 後，折三折。
4. 再擀開重覆一次折三折後，鬆弛 30 分鐘。
5. 擀開成 0.5cm 厚的薄片，切割成方形或三角形。
6. 以上火 180℃／下火 180℃烤焙約 18 分鐘。

捲心酥餅

圓圓滿滿捲進甜蜜⋯

● 材 料（40片）

A. | 奶油⋯⋯⋯⋯⋯⋯⋯⋯225g

B. | 中筋麵粉⋯⋯⋯⋯⋯⋯375g
水⋯⋯⋯⋯⋯⋯⋯⋯⋯140g
鹽⋯⋯⋯⋯⋯⋯⋯⋯⋯2.5g

C. | 奶油⋯⋯⋯⋯⋯⋯⋯⋯100g
蛋黃⋯⋯⋯⋯⋯⋯⋯⋯1 個
中筋麵粉⋯⋯⋯⋯⋯⋯165g
細砂糖⋯⋯⋯⋯⋯⋯⋯65g

D. | 核桃碎⋯⋯⋯⋯⋯⋯⋯100g(烤過)

● 步 驟

1. 材料 A 冰硬後切小塊，和材料 B 一起拌勻成糰。
2. 擀開成長 50cm、寬 15cm 後，折成三折。
3. 重覆一次 3 折後，擀開成長 40cm、寬 10cm 的長方形。
4. 材料 C 一起拌勻，平鋪於步驟 3 的麵皮上，撒上核桃碎後捲起，再冷凍 1 小時。
5. 切成 1cm 厚的圓片，以上火 210℃／下火 160℃烤約 20 分鐘。

蝴蝶酥

討喜又漂亮的外形⋯

● 材料（30片）

A. | 奶油⋯⋯⋯⋯⋯⋯⋯⋯225g

B. | 中筋麵粉⋯⋯⋯⋯⋯⋯375g
冰水⋯⋯⋯⋯⋯⋯⋯⋯140g
鹽⋯⋯⋯⋯⋯⋯⋯⋯⋯2.5g

C. | 粗砂糖⋯⋯⋯⋯⋯⋯⋯150g

● 步驟

1 將材料 A 冰硬後切小塊。

2 材料 B 加入拌勻成糰後，冷藏隔夜。

3 取出擀開後四折重覆 3 次。

4 再次擀開，上撒粗砂糖再折四折。

5 擀開成寬 12cm、長 30cm 的長方形，再撒粗砂糖後折成型。（如圖示）

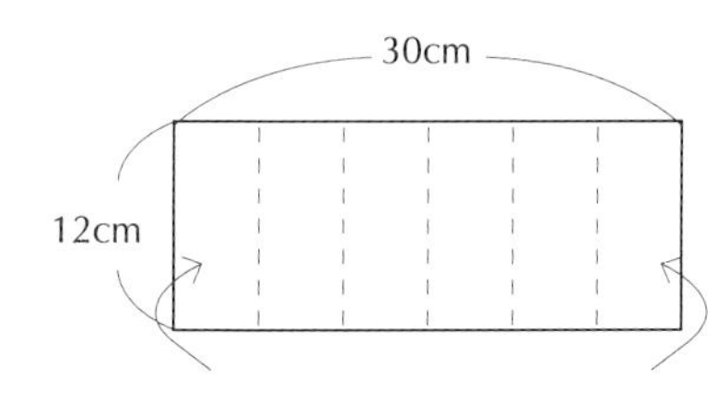

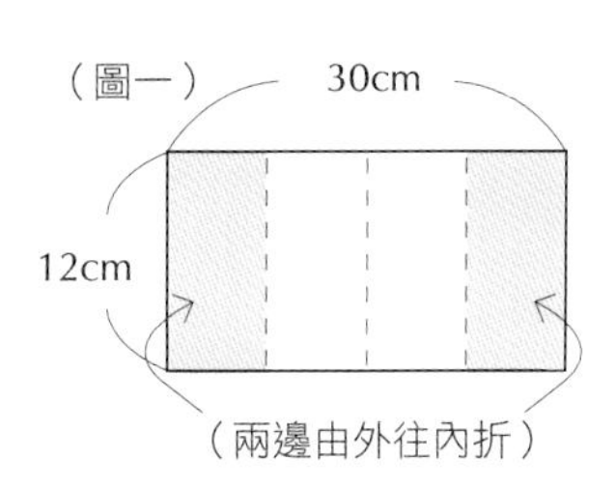

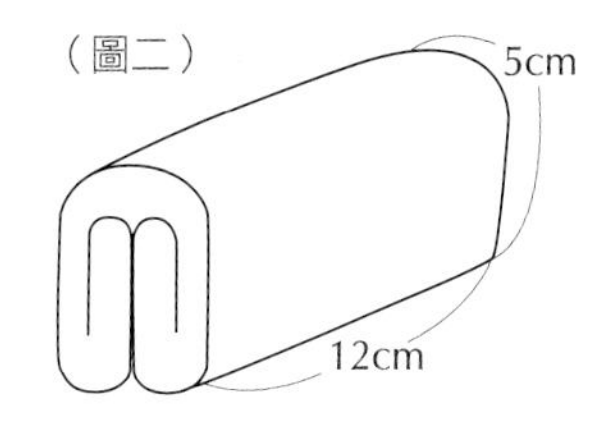

6 冷凍 1 小時後，將表面刷水沾粗糖後，切 0.8cm ～ 1cm 厚。

7 以上火 80℃／下火 150℃烤約 20 分鐘。

口感多變的
手工餅乾

作　　者　許正忠、詹陽竹
攝　　影　東琦攝影
美術設計　劉錦堂

發 行 人　程安琪
總 策 畫　程顯灝
總 編 輯　呂增娣
主　　編　徐詩淵
編　　輯　林憶欣、黃莛勻、鍾宜芳
美術主編　劉錦堂
美術編輯　吳靖玟
行銷總監　呂增慧
資深行銷　謝儀方、吳孟蓉

發 行 部　侯莉莉
財 務 部　許麗娟、陳美齡
印　　務　許丁財
出 版 者　橘子文化事業有限公司

總 代 理　三友圖書有限公司
地　　址　106 台北市安和路 2 段 213 號 4 樓
電　　話　（02）2377-4155
傳　　真　（02）2377-4355
E-mail　service@sanyau.com.tw
郵政劃撥　05844889 三友圖書有限公司

總 經 銷　大和書報圖書股份有限公司
地　　址　新北市新莊區五工五路 2 號
電　　話　（02）8990-2588
傳　　真　（02）2299-7900

製　　版　興旺彩色印刷製版有限公司
印　　刷　鴻海科技印刷股份有限公司

初　　版　2019 年 04 月
定　　價　新臺幣 280 元
ISBN　978-986-364-141-4（平裝）

國家圖書館出版品預行編目（CIP）資料

口感多變的手工餅乾 / 許正忠，詹陽竹著．--
初版．-- 臺北市：橘子文化，2019.04
面；　公分

ISBN 978-986-364-141-4(平裝)

1. 點心食譜

427.16　　108005021